中国航空工业
飞机设计室简史

（1956年8月—1961年7月）

中国航空工业集团有限公司
编修史办公室 主编

航空工业出版社

北　京

内 容 提 要

在中共中央、国务院、中央军委的关怀下，新中国第一个飞机设计机构——飞机设计室于1956年在沈阳组建成立。作为中国航空科研和飞机设计的发源地、出发地，飞机设计室开启了5年自力更生、艰苦奋斗、严谨求实、献身航空的创业征程、探索征程和开拓征程，先后开展了5型飞机的研制设计，培养了徐舜寿、黄志千、叶正大等新中国第一代航空设计英才，在中国航空工业发展史上留下了浓墨重彩的一页。

本书梳理了飞机设计室的成立背景、建立过程、科研发展脉络，包括其中发生的重大事件、重点型号、重要人物，记载了建设发展历程和成就，展现出老一辈航空人无私奉献、艰苦创业、砥砺创新、勇攀高峰的崇高精神。同时，也记载了党和国家的关怀和支持。

本书是中国航空工业从业人员、中国航空工业历史爱好者值得一读的行业史读物；对于从事相关研究的人员，本书也是一部客观严谨的航空史料。

图书在版编目（CIP）数据

中国航空工业飞机设计室简史：1956年8月—1961年7月 / 中国航空工业集团有限公司编修史办公室主编. ——北京：航空工业出版社，2021.4（2022.1重印）
ISBN 978-7-5165-2505-0

Ⅰ．①中… Ⅱ．①中… Ⅲ．①飞机－设计单位－历史－中国－1956-1961 Ⅳ．① V22-29

中国版本图书馆 CIP 数据核字（2021）第 059417 号

中国航空工业飞机设计室简史
（1956 年 8 月—1961 年 7 月）
Zhongguo Hangkong Gongye Feiji Shejishi Jianshi
（1956nian8yue—1961nian7yue）

航空工业出版社出版发行
（北京市朝阳区京顺路 5 号曙光大厦 C 座四层　100028）
发行部电话：010-85672666　010-85672683

文畅阁印刷有限公司印刷	全国各地新华书店经售
2021 年 4 月第 1 版	2022 年 1 月第 4 次印刷
开本：889×1194　1/32	字数：54 千字
印张：3.25	定价：28.00 元

前　言

　　1951 年，根据抗美援朝中飞机维修的迫切需求和加强国防建设的长远考虑，党中央作出重大决策，举全党全国全军之力组建并优先发展航空工业。经过"一五"时期的艰苦奋斗，以初教 5 初级教练机和歼 5 喷气式战斗机成功首飞为标志，我国航空工业胜利完成"3 ~ 5 年由修理走向制造"的目标任务。着眼于国防与航空工业自主发展，进一步向自行设计研制飞机转变的计划，被党中央提上重要工作日程。

　　1956 年 8 月 2 日，经党和国家批准，第二机械工业部航空工业管理局局长王西萍签发《关于成立飞机、发动机设计室》的命令，决定在沈阳成立飞机设计室和发动机设计室，加快发展科研设计能力。其中，任命徐舜寿为主任设计师，黄志千和叶正大为副主任设计师，明确设计室为局属厂管，行政上依托国营松陵机械厂管理，业务上归航空工业局飞机生产处领导。从此，新中国有了自己的飞机设计研究力量，开启了自行设计飞机的进程。

　　为集中全国有限的飞机设计力量，飞机设计室经历过三次整合。1958年11月，中国人民解放军军事工程学院负责"东风113"飞机设计的师生来到松陵机械厂，成立第二飞机设计室，飞机设计室改称第一飞机设计室。1958年11月，松陵机械厂设计科并入第一飞机设计室。1959年12月，第一、第二飞机设计室合并成立产品设计室。

飞机设计室成立后，在党中央的正确领导下，会聚全国航空英才，在短短5年时间里，建立形成独立的设计机构和设计能力，开始了一段自力更生、艰苦奋斗、严谨求实、献身航空的创业征程，先后开展了几型飞机的设计，推进了航空科学技术研究，初步建立了飞机设计、试验、试飞的方法和规范体系，培养锻炼了新中国第一代航空设计人才队伍，在新中国航空工业发展史上留下了浓墨重彩的篇章。

飞机设计室探索出了自行设计飞机的规范程序。通过自行设计歼教1教练机，走完从设计到试飞的全过程，并开启初教6、强5两型飞机前几个阶段的设计，飞机设计室摸索出一套自行研制飞机的规范程序，即方案论证、草图设计，提出战术技术要求，经空军审查批准后作初步设计，制作木质样机请求空军审批后再进行详细设计，发出生产图进行试造、试飞直至定型。这套研制流程在后来的歼5、歼6、歼7飞机引进生产与改型中不断改进完善，并在歼8系列飞机研制中发挥了重要作用，为新中国自行设计飞机奠定了基础。

飞机设计室推动了我国航空科学技术的发展。在飞机设计中，在气动布局、强度等方面飞机设计室进行了大量探索试验，为后来的飞机研制打下了基础。在歼教1设计中，突破了苏联"米格"飞机机头传统进气布局，采用了两侧进气、全金属、前三点起落架、双座、平直翼的总体方案，其中两侧进气布局对后来国产战斗机、强5强击机的研发具有重要意义。通过探索"东风107"和"东风113"等高空高速飞机方案，虽然没有走完研制流程，但促进了重要试验手段建设和仪表、附件、电器、新材料、新工艺等设计及研究工作的开展，并初步掌握了超声速飞机设计的流程、基础知识和技术，为以后的飞机设计工作提供了技术储备和有益借鉴。还建成了中国第一座超声速风洞，增强了气动试验能力。这些努力和探索，为我国航空科技发展奠定了基础。

飞机设计室建立了飞机设计的技术管理制度。飞机设计室确定了组织机构及专业分工，建立健全了科研领导体制和机构设置，编制的《设计员手册》是新中国第一部飞机设计规范和工具手册，制定了图号系统表、零件设计原则、材料与标准件选用范围等管理制度，使科研工作落实了技术责任制，明确了目标和任务要求，让设计员有所遵循并能协同地开展工作。这些文件成为指导设计、人才培养的重要指南。实践证明，飞机设计室成立技术委员会，是发扬技术民主、集思广益的一项正确举措，并在航空系统得以推广。

飞机设计室培养了新中国第一批飞机设计人才。飞机设计室培养、锻炼了新中国第一批飞机设计骨干力量，并在后续各个时期不断向外输出，在航空工业各专业领域开枝散叶，其中多人成为技术领军人物、专家和栋梁。从飞机设计室走出了中国科学院院士、中国工程院院士顾诵芬，中国工程院院士管德、陆孝彭、屠基达、陈一坚、宋文骢，将军谢光等以及多位航空领域总设计师和副总设计师，为新中国航空工业的发展做出了突出贡献。徐舜寿、黄志千虽英年早逝，但他们同叶正大等作为新中国飞机设计事业的奠基人、开创者，其卓著功绩、高尚品德，将永载新中国航空史册。飞机设计室被誉为新中国飞机设计师的"摇篮"，是当之无愧的。

苏联撤走全部援华专家后，为集中科研力量，加快发展国防科研，1960 年 12 月，中央决定组建航空、舰艇、电子三个研究院。1961 年 6 月，国防部第六（航空）研究院正式成立。1961 年 8 月 3 日，以飞机设计室和空军第一研究所为基础，组建新中国第一个飞机设计研究所——国防部第六研究院第一研究所（简称六院一所），成立 5 年的飞机设计室完成历史使命，迈向新的发展阶段。在国防工业管理体制改革中，六院一所数次更名，1999 年 12 月更名为沈阳飞机设计研究所至今，先后承担了歼 8、歼 11 等飞机的研制任务，为国防装备建设和航空工业发展做出了重要贡献。

飞机设计室是新中国航空科研和飞机设计的发源地、出发地，开启了我国自行设计飞机的新纪元。虽然只经历了 5 年时间，却圆满完成了中央赋予的"为将来建设飞机设计所准备条件和培养干部"的使命，为开拓新中国的飞机设计事业进行了先期探索。飞机设计室的发展史，是一部厚重的报国史、奋斗史、创新史、创业史和奉献史，是新中国航空工业 70 年发展史中一段激情燃烧的岁月，早已融入"航空报国"的恢弘篇章。

党的十八大以来，以习近平同志为核心的党中央高度重视航空工业的发展，习近平总书记着眼于实现"两个一百年"奋斗目标的战略全局，发出了建设航空强国的伟大号召，赋予航空工业新时代、新使命。数十万航空人正奋进在建设新时代航空强国的伟大征程中。

习近平总书记指出，无论我们走得多远，都不能忘记来时的路。尽管飞机设计室的历史已逐渐远去，新中国航空工业也今非昔比，但从历史中去感悟初心、启迪智慧、汲取力量、勇担使命，才能大力弘扬航空报国精神，汇聚起建设新时代航空强国的磅礴力量。

为此，在中国共产党建党百年和新中国航空工业创建70周年之际，在党史学习教育深入推进之时，我们组织力量，挖掘飞机设计室的厚重历史，编写出这本简史，以促进广大航空人学史明理、学史增信、学史崇德、学史力行，继而在党中央的坚强领导下，为建设航空强国赓续奋斗。同时，也为社会大众了解新中国航空工业发展沿革提供了一个比较客观、准确的有益读本。

2021年3月

目 录

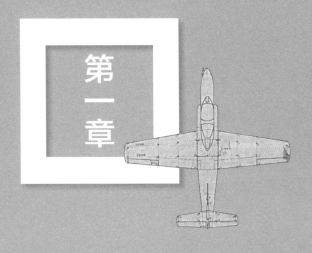

第一章

飞机设计室的组建

　　"一五"计划时期，在中共中央的高度重视下，通过自力更生和争取苏联援助相结合，新中国航空工业实现了从飞机维修到飞机制造的重大转变。中共中央及时决策在沈阳国营松陵机械厂[①]（简称松陵机械厂）组建飞机设计室，加快形成飞机设计能力。在航空工业局的组织领导下，飞机设计室迅速组建成立，人员培训、技术准备工作并行展开，为自行设计飞机奠定了基础。

----

① 经几次更名，1994 年 6 月更名为沈阳飞机工业（集团）有限公司，简称"沈飞公司"至今。

第 一 节

组建飞机设计室的背景

　　成立飞机设计室，是中共中央根据航空工业发展客观规律，着眼于新中国航空工业独立自主、健康发展目标，根据新中国航空工业领域形成飞机制造能力、进入发展飞机设计研究能力的重要关口，而及时作出的重要战略决策。

一、设计研究能力是航空工业的核心能力

　　飞机发明以后，在军事、经济、社会等领域广泛应用，形成一个关乎国家战略安全的重要领域。作为高科技产

业，航空工业的发展严重依赖于科技研发。欧美世界航空强国都把航空科技发展放在重要的位置，先后建立了完善的航空科研机构。其中，欧美国家基于资本主义市场经济体制，形成了政府和企业各有分工、相互合作的科研体系。比如，英国于 1905 年成立皇家航空研究院；美国于 1915 年成立航空咨询委员会（即 NACA，1958 年更名为 NASA）、1917 年建立兰利研究中心等，组织国家力量从事基础技术研究工作。在企业层面，则侧重于应用研究和产品研制生产。例如，美国洛克希德 - 马丁公司于 1943 年成立"臭鼬工厂"，从事新型飞机的设计工作，成立不久就研发出 SR-71 侦察机等著名机型；美国波音公司、英国罗罗航空发动机公司等，也都设立了产品研发设计机构。实行计划经济体制的苏联，也形成了互有分工的科研体系，成立了中央空气流体动力研究院、中央航空发动机研究院等从事基础技术研究，设立苏霍伊、米格、伊留申、米里、留里卡 - 土星等设计局，从事飞机、直升机、航空发动机设计研究。旧中国时期也成立过航空研究院，开展了初步的科研与飞机设计工作，但由于政治腐败、战争频仍、工业基础弱等原因，收效甚微。

1951年4月17日，中央人民政府人民革命军事委员会和政务院颁发《关于航空工业建设的决定》，新中国的航空工业在几乎是一张白纸的基础上、在抗美援朝的烽火硝烟中诞生。为满足战争急需，综合考虑工业基础和经济实力等方面因素，党中央规划了先维修后（设计）制造的航空工业发展道路。因此，一开始主要是为人民志愿军空军维修飞机，并引进生产苏联成熟的航空产品，因而没有建立航空科研设计机构。实践证明，这是在具体国情、特殊历史条件下，快速建立和发展航空产业、满足战争急需的正确选择。

但随着"一五"计划期间中国航空工业在完成战时飞机修理任务，走向批量生产制造新阶段之际，产品试制生产中的工艺技术和材料供应问题逐渐增多，科研设计落后于生产试制的矛盾逐渐显露出来。与此同时，对于航空工业的后续发展问题，党和国家各层面都深刻认识到，中国这样一个大国发展航空工业，必须坚持独立自主地进行产品研究设计的方针，不能依靠引进国外成熟产品的短期应对策略，因而必须建立自己的航空设计研究机构，开展航空科学技术研究。

二、建立飞机设计机构是中共中央的既定方针

新中国成立后，中共中央、中央人民政府、中国空军在谋划航空工业建设的过程中，一开始就在通盘考虑建立航空科研与设计机构的问题。1950年1月5日，重工业部代部长何长工和空军司令员刘亚楼联名向中共中央呈报《关于航空工业建设的意见书》，在第四部分中提出"设立研究院，进行飞机设计、电器制造等研究，设置研究仪器、大风洞"，对航空科研与设计机构建设有了一些具体构想。

1951年新中国航空工业正式创建后，中共中央加快了飞机设计机构和能力的谋划与建设。为落实中共中央要求，1955年1月11日，第二机械工业部航空工业管理局局长王西萍、副局长段子俊在莫斯科与苏联航空设计院院长阿尔洛夫座谈，阿尔洛夫认为中国航空工业当前最迫切、最需要解决的是研究机构的建立和人才培养。工厂和教育已有一定基础，但研究是最薄弱的一环。1月22日，中国向苏联提出航空科研建设问题。3月30日，苏联提交《关于中国航空科学研究院问题的备忘录》，就王西萍、段子俊在苏联考察期间咨询航空科研机构的

建设问题做出答复和建议：第一步建立综合性航空科研院，下设航空材料所、空气动力与强度所、飞行试验所、发动机所、特设与无线电所、生产组织与工艺所、情报推广所及实验工厂；第二步将上述研究所独立成为研究院。5 月 16 日，航空工业局就此事研究讨论后上报第二机械工业部（简称二机部），提出：建设我国航空工业，必须科研、生产、人才三条线同时进行，而至今科研这条线尚未展开，这一落后现象应当迅速予以消除。

◎ 赴苏代表团与我驻苏使馆人员合影
（前排左二：段子俊，左三：何长工，左四：沈鸿）

　　1955 年 9 月，中共中央批准了航空工业第二批 10 个新项目的建设计划，航空工业局再次讨论了航空工业第二个五年计划草案，并在上报二机部的草案中提出总要求：必须达到中国能自制喷气式战斗机、喷气式轰炸机和强击机等主要机种的能力，必须迅速建立起航空科学研究机构，有计划、有步骤地开展科学技术研究工作，为我国航空工业打下科学技术方面的基础。

　　9 月 4 日和 9 日，航空工业局组织苏联顾问和专家进行了两次"关于航空研究院座谈会"，确定了建立中国航空科研机构的发展思路：建议分两个步骤进行，第一步建设规模较小的研究所（室），第二步开展综合性研究院所建设。

　　10 月 10 日，航空工业局正式提出《关于中华人民共和国航空科学研究院问题的备忘录》并呈报上级，明确指出两步发展方案，即第一步建立综合性的航空研究院，第二步设立专业性科学院。

　　1956 年 1 月 14 日，中共中央在北京召开"知识分子问题会议"后，很快在全国出现了"向现代科学进军"的热潮，极大鼓舞了航空工业开展科研工作的士气。航空工业局迅速响应，王西萍于 1 月 16-17 日，就如何发展中国航空科学研究问题，向航空工业局总顾问、苏联专家切尔尼柯夫征询意见。切尔尼柯夫指出：中国如果没有自己的科学研究工作，单是根据苏联技术资料复制，就会永远落在后面；中国航空科研工作至今尚未开始，确实与目前迅速发展的航空工业不相称，应该迎头赶上。此次谈话对统一思想、提高认识、全面筹划航空工业的科研工作起到了重要作用。

1月21日，航空工业局制订《航空科学研究工作12年规划》，计划分三个阶段建设17个航空科研及产品设计机构，要求迎头赶上，真正建立中国自己的完整独立的航空工业，用12年的时间达到国际水平。

5月15日，王西萍署名向中共中央、毛泽东主席呈送《关于航空工业发展现状与今后的任务》的报告，提出经过"一五"建设，中国航空工业已经实现修理向制造的转变，但在科学研究方面，仍然只是按照苏联资料仿制，还没有一个科学研究与产品设计机构，远远落后于国际航空科技水平。为了使航空科学研究与产品设计工作在10年内赶上国际水平，必须大力建设并迅速发展航空科学研究与设计机构。

此后，在1956年中共中央主持制订的《一九五六年至一九六七年科学技术发展远景规划》中，航空工业委员会、总参谋部和国防部共同制订了武器装备发展规划，其中包括喷气技术（喷气式战斗机）。建设航空科研机构、发展设计研究能力，被党和国家提到重要日程。

三、建立飞机设计机构有了初步基础

"一五"计划时期，航空工业在党和国家的高度重视下，通过苏联的支援帮助，实现了迅速发展，先后建成了六大飞机、发动机修理厂，完成了战时飞机修理任务；同时，开展了13家航空骨干制造企业的建设，完成了从修理飞机到生产制造飞机的转变，整体实力有了巨大提升，为建立设计研究机构、开展航空科研奠定了初步基础。

一是制造能力显著提升。新中国航空工业成立后，迅速从修理走向生产制造。在零部件生产制造方面，1952年6月，松陵机械厂就完成了起落架、作动筒和襟翼等零部件的制造，受到航空工业局的通令嘉奖；国营洪都机械厂[①]（简称洪都机械厂）有计划地扩大雅

————————

[①] 经几次更名，1998年更名为洪都航空工业集团有限责任公司，简称"洪都公司"至今。

克 –18 飞机自制配件的品种范围，到 1953 年已制成除机身骨架和中翼以外的全部零部件 44 种。在整机制造方面，1954 年 7 月 3 日，引进雅克 –18 制造权制造的新中国第一架飞机——初教 5 初级教练机在南昌飞上蓝天，同年 9 月 18 日，配套发动机也在国营湘江机器厂①试制成功并转入批产，国家主席毛泽东先后向两个工厂

◎ 新中国制造的第一架飞机初教 5

---

① 经几次更名，2007 年更名为中国南方航空工业（集团）有限公司，简称"南方公司"至今。

签发嘉勉信。1956 年 7 月 19 日，引进生产的歼 5 喷气式战斗机配装国产化涡喷 5 甲发动机在沈阳首飞成功，中共中央、国务院向两个工厂致电祝贺。这两型飞机的引进试制成功，标志着新中国航空工业由飞机修理跨入整机制造新阶段。同时，经过"一五"建设，第一批飞机、发动机制造厂相继投入使用，一批机载设备制造厂也已建成。制造能力的提升，为中国走向自行设计制造飞机奠定了一定的技术基础。

二是航空科研迈出步伐。在党和国家的重视下，中国航空科研体系建设逐步开展起来。1955 年 1 月 8 日，由马明德教授主持设计的 FL5 低速风洞在中国人民解放军军事工程学院（简称哈军工）建成，成为新中国的第一座风洞。到 1956 年初，中国共有三座低速风洞，最大风速约 150 千米 / 时，略大于飞机着陆速度，试验段直径 1.5 米，能够进行低速模拟试验，可用于飞机低速性能计算和稳定性分析。同时，1955 年 4 月，航空材料研究所成立；1956 年 2 月，航空科技情报研究所成立。这些机构使航空科研和飞机设计工作有了初步基础。此外，在仿制苏联飞机的过程中，搜集了多种苏联飞机生产资料，虽然空气动力学和结构强度方面的原始资料不多，但在图样、技术条件方面的资料较多，为自行设计飞机提供了参考。

三是航空科技人员队伍不断壮大。在"一五"计划时期，在飞机、发动机和机载工厂的生产建设过程中，建立了一些配合生产制造的相关技术工作机构。1952 年 8 月，航空工业局在机构调整中成立第一技术科，主管各飞机厂的设计科以及飞机制造的工艺问题等工作，徐舜寿[①]任科长。1954 年 9 月，第一技术科设立了专管各厂设计科工作的设计

◎ 徐舜寿

---

① 徐舜寿（1917.8—1968.1），浙江省吴兴县人。先后在清华大学、中央大学航空专业学习，在民国时期就参与航空研究和飞机设计。新中国成立后，先后担任航空工业局飞机处处长、飞机设计室首任主任设计师、六院一所首任技术副所长、六院十所首任技术副所长兼总设计师等重要技术职务，组织完成了这一时期中国各类军用飞机的设计任务，翻译、编写了多本航空理论、飞机设计规范类书籍，在航空科研体系建设、专业技术发展、军用飞机设计、设计人员培养等方面功勋卓著、德昭于世，被誉为"中国飞机设计的一代宗师"。1968 年 1 月 6 日，在"文化大革命"中被迫害致死，享年 51 岁。

◎ 黄志千

组。徐舜寿把黄志千①调来担任组长，成员有顾诵芬、
程不时和李在田。为满足航空工业快速发展对科技人才

---

① 黄志千（1914.1—1965.5），江苏省淮阴县人，1937年毕业于上海交通大学机械系航空专业，曾投身抗日战争，后赴美国、英国学习并从事飞机设计制造。新中国成立前夕回国，先后在华东军区航空工程研究室、国营松陵机械厂、航空工业局教育处工作，后任飞机设计室副主任设计师、六院一所总设计师，领导并参与了当时主要飞机型号的设计工作，是新中国航空科研事业的主要开拓者、自行设计飞机的奠基人之一。1965年5月20日，在出国考察途中因飞机失事遇难，被追授为烈士。

的需求，国家大力发展航空高等院校、中等专业学校和技工学校。"一五"计划期间，整合国内高等教育资源，成立北京航空学院、西安航空学院、南京航空学院，培养了一批高等航空专业人才。同时，组建了南京、汉口、北京、哈尔滨4所航空工业专科学校，培养了大量中等专业技术人员和技术工人。随着航空教育工作的加强，职工队伍的构成发生很大变化。技术人员在全行业职工中的比例由"一五"计划初期的 6.7% 上升到末期的14.2%，技校毕业生和经过航空技术专门训练的工人占全行业生产工人总数的 63.6%，沈阳、哈尔滨、南昌、北京4个飞机厂有设计人员300人。这支航空工业产业队伍为建立飞机设计研究机构提供了人才保障。

四是航空制造技术与管理体系逐步建立。新中国航空工业的企业组织管理，在学习借鉴苏联管理办法的基础上，结合自身实际，在探索中逐步完善。1955年3月，二机部颁发《关于整顿企业管理组织与进行定职定员的命令》，提出实行"四师一长"（总工艺师、总冶金师、总机械师、总动力师和生产长）制，建立了航空技术与生产管理系统。"四师一长"加强了总工程师系统，使其能全面负责工厂的生产管理和技术管理工作，保证生产任务的完成。1954 年 12 月 16 日，二机部颁布《质量检验工作十二项技术条令》，对不合格品管理、工艺装备送检、仪器鉴定、零件打印记、标准件选择等提出要求，形成质量管理制度，使质量管理逐步制度化、规范化。质量工作体系也初步建立起来，各厂普遍实行总检验师制，按专业或生产区域设置原材料检验室（站）、特种工艺检验室（组）、车间检验室（组），以及中心计量室、理化实验室，落实了质量责任制。此外，健全了测试仪器与计量器械定期校验检定制度、批生产零件与组件批次管理制度等，并确保制度准确、有效、适用。这些航空制造技术与生产管理体系的建立与运行，对建立飞机设计的技术与管理体系具有一定的借鉴意义。

第二节

组建飞机设计室

　　1956 年 8 月，经上级批准，航空工业局发布命令，在沈阳组建飞机设计室。在徐舜寿等人的带领下，经各方面支持，飞机设计室迅速组建完成，围绕自行设计研制飞机，积极开展人才、技术、管理等各方面准备工作。

一、飞机设计室的建立

　　从 1954 年 9 月第一技术科设立专管各厂设计科工作的设计组开始，航空工业局就开始酝酿飞机设计工作。1955 年初，在中共中央领导下开始制订"二五"计划，成立设计研究机构成为"二五"计划时期航空工业发展的重要内容。

经慎重研究，1956 年 8 月 2 日，航空工业局局长王西萍向松陵机械厂、国营黎明机械厂①（简称黎明机械厂）发布了《关于成立飞机、发动机设计室的命令》（以下简称《命令》），在两个工厂分别组建飞机设计室和发动机设计室。这两个设计室行政上委托工厂领导，业务上由局机关直接领导。10 月和 11 月，新中国第一个飞机设计室和第一个发动机设计室相继成立。航空工业局任命徐舜寿为飞机设计室主任设计师，黄志千、叶正大②为副主任设计师；任命吴大观为发动机设计室主任，虞光裕为副主任兼主任设计师。

为尽快开展航空仪表的研究设计工作，1956 年 10

---

① 经几次更名，2001 年 12 月更名为黎明航空发动机（集团）有限责任公司，简称"黎明公司"至今。

② 叶正大（1927.8—2017.12），广东惠阳人，先后在东北民主联军俄文学校、莫斯科航空学院飞机制造系学习。新中国成立后，历任松陵机械厂车间工艺室副主任、飞机设计室副主任设计师、六院一所副所长、航空研究院副院长、国务院国防工业办公室副主任、国防科工委科技委副主任等职务，参与设计研究或主持领导了我国多项飞机型号任务，为歼教 1 及歼 7、歼 8 等战斗机的研制做出了重要贡献，是我国飞机设计的奠基者和开拓者之一。1988 年被授予中将军衔。

月19日，在航空工业局机关成立航空仪表设计室筹备组，1957 年 3 月正式成立航空仪表设计室。任命蔡克非为航空仪表设计室主任，昝凌任副主任。此外，航空工业还开始建立厂属产品设计机构。

二、飞机设计室的任务

在三个设计室中，飞机设计室承担着新中国自行设计飞机的重任。《命令》确定了飞机设计室的主要任务：集中一批技术力量，一边学习苏联的产品设计资料和相关的基本规范，掌握设计计算程序和方法；一边在工厂进行生产实习，熟悉产品的工艺过程。在此基础上，开始部件和整机产品的实习设计，为将来建设飞机设计所准备条件和培养干部。飞机设计室行政上委托松陵机械厂领导，业务上由航空工业局生产技术处领导。鉴于设计室所担负的任务与工厂设计科不同，为了防止设计室的工作同工厂当时生产上的一般需求混淆，影响飞机设计工作，航空工业局规定工厂不能直接向设计室布置任务。

1956 年 9 月 12 日，航空工业局副局长徐昌裕在松

◎ 《关于成立飞机、发动机设计室的命令》

陵机械厂主持召开飞机、发动机设计工作座谈会。松陵机械厂副厂长熊焰，沈阳航空发动机厂副厂长程华明，飞机设计室徐舜寿、黄志千、叶正大，发动机设计室虞光裕以及两厂的苏联专家等参加会议。会议对飞机、发动机设计工作发展的技术途径、方针、人才调集、计划安排等进行了研究讨论。大家一致认为，自行设计应尽快开始。同时，确定了飞机设计室"两阶段"的发展思路：第一是准备阶段，主要任务是配备人员，组织力量，学习、消化已有的苏联资料，编写有关设计的原始资料，并与国内各有关院校和中国科学院相关研究机构联系，寻求技术支持；第二阶段开始自行设计飞机。

三、机构设置与人员配备

《命令》中任命徐舜寿为飞机设计室主任设计师，黄志千、叶正大为副主任设计师。徐舜寿等设计室领导到任后，在航空工业局的支持下，按照飞机设计所需各专业设置和人员配备计划，从航空工业局、各厂等抽调人员。其中，毕业于航空工程专业、在航空工业局机关工作的管德、叶锡琳、陈钟禄、高锡康、李永明等，不愿意继续在局机关做管理工作，而希望在自己所学的技术专业道路上能做更多的工作。他们向上级提出申请并获得批准后来到了飞机设计室。来自北京南苑 211 飞机修理厂①的陆孝彭、沈尔康，来自国营伟建机器厂②的屠基达、陈一坚，来自洪都机械厂的林家骅，他们大多数

---

① 1958 年划归国防部五院，现为首都机械厂。
② 经几次更名，2004 年 4 月更名为哈尔滨航空工业（集团）有限公司，简称"哈飞公司"至今。

人是各飞机厂设计科科长或副科长。还有从松陵机械厂设计科挑选的冯钟越、李文龙、汪子兴、吴孟伟、李克唐、张颖芝、林梦鹤、席炊、赵智明、王培宏等20多人，大多数是设计科的主管设计员，技术上都是拔尖的。此外，还从南京和沈阳的航空工业专科学校当年毕业生中挑选优秀学生充实设计室的技术队伍。到1957年8月底，全室共108人，其中技术人员92人，平均年龄只有22岁。

飞机设计室成立后，组织机构也很快搭建起来。组织机构相对简单，就是在主任设计师下设立专业组。各专业组设置为：总体设计组，组长程不时；空气动力学组，组长顾诵芬；重量组，组长金刚裕；模线组，组长徐克源；强度计算组，组长冯钟越；机身设计组，组长屠基达；机翼设计组，组长沈尔康；起落架设计组，组长吴孟伟；操纵系统设计组，组长陈今；发动机、燃油系统组，组长陈嵩禄；液压冷气系统组，组长郭松林；高空救生组，组长吴石青；特征设备组，组长周兴文（后为胡诞园）；军械安装设计组，组长胡除生；文件、标准检验组，组长胡除生（兼）。后来，又成立了理论外形专业和颤振专业，分别设在总体组、气动组内。

飞机设计室内还设有独立的资料室和图书组，收集

◎ 飞机设计室的同志们与苏联专家在一起
（前排左起黄志千（左一）、王汇青（左二）、叶正大（左三）、马尔
道夫（左四）、曲延桥（左五）、屠基达（左六）、程不时（左七）、
徐舜寿（左八）、斯米尔诺夫（左九）、陆孝彭（左十）、冯钟越（左
后一）、顾诵芬（右四））

◎ 飞机设计室的同志们与苏联专家在一起

国内外各种飞机资料及图书期刊，供设计人员借阅使用。在主任设计师办公室内，设有行政助理与秘书各一人，以及处理室内日常行政财务工作的会计组。

　　1956 年 11 月底，设计室人员基本到齐。党支部和团支部相继成立，党支部书记由厂党委组织部副部长王汇青同志担任。刚刚组建的设计室条件很艰苦，一开始的办公地点安排在松陵机械厂技术大楼三楼几间办公室里，非常拥挤。从外厂调来的人员一律不准带家属，都住在招待所，在集体食堂吃饭；招待所没有开水，他们

◎ 飞机设计室原址"设计室小平房"和大门

就自己动手劈柴燃煤烧水。[①] 尽管条件艰苦，但设计室人员都能以工作为重，忍受生活上的不便，毫无怨言地投入到工作之中。为了解决办公室面积不足的问题，航空工业局在 1957 年投资近 10 万元，由松陵机械厂基建处组织施工，将厂部大楼后面一排工厂教育科的小红房进行维修、改造，作为飞机设计室的办公场所。

① 顾诵芬口述，师元光整理：《我的飞机设计生涯》，航空工业出版社，2011 年 4 月，第 27 页。

自行设计飞机前的准备

从 1956 年 8 月飞机设计室成立的《命令》发布到 1957 年初，在党和国家的关心支持下，徐舜寿带领飞机设计室人员，完成了队伍组建、人才培养、设计规范搜集和编写等工作，做好了自行设计新中国第一架喷气式飞机的准备。

一、培养设计人才队伍

在飞机设计室成立之初，设计室除徐舜寿、黄志千、陆孝彭真正设计过飞机外，大多数人都是解放后刚毕业的大学生或专科生，没有设计飞机的实际工作经验。虽然这是一支代表当时中国飞机设计最高水平的队伍，年轻又朝气蓬勃，对新中国和航空工业的未来充满憧憬和理想，但做飞机设计只靠热情还不够，需要学习航空科学技术知识，积累设计经验。如何使这批年轻人快速成长，是设计室首要解决的问题。遵照航空工业局《命令》中规定的任务要求，并根据室内组成人员的情况，徐舜寿与黄志千、叶正大研究决定采取一系列措施，尽快提高设计人员的设计能力。

（一）加强培训。飞机设计室把能邀请到的国内外专家都请来，给设计室人员授课，传授飞机设计的经验。在所邀请的专家之中，既有当时在国内几个飞机制造厂的苏联专家，也有几所航空院校的教授。例如，邀请北京航空学院张桂联教授、哈军工的罗时钧教授讲授空气动力学和飞行力学；邀请南京航空学院教授陈基建、苏联专家讲授颤振和强度；邀请哈军工马明德教授讲授风洞试验；邀请西北工学院黄玉珊教授讲授用计算机解静不定结构。1957 年，苏联试飞英雄阿诺欣上校来松陵机械厂解决歼 5 飞机的试飞问题时，设计室邀请他给设计人员讲授新机试飞方法。邀请米高扬设计局总代表克拉西沃夫讲解飞机设计方法。飞机设计室对于这些讲课内容都做了详细记录，后来印刷成册供大家学习。为了让设计人员了解飞机的制造过程、熟知和掌握制造工艺，

◎ 徐舜寿（右三）、黄志千（右二）、叶正大（左一）、王汇青（右一）与苏联雅科夫列夫设计局专家马尔道文（左二）在一起

飞机设计室还邀请有经验的车间工艺员给设计室人员系统讲解工艺知识。有飞机设计经验的黄志千和陆孝彭，也给年轻设计人员讲授飞机研制流程。

（二）建立飞机设计资料库。为了丰富飞机设计资料库，设计室大力搜集各类航空科技书刊和文献资料，为自行设计飞机准备技术资料。除了调集航空工业局已有机种的资料外，设计室还派人去外文书店购买和预订国外技术书籍，包括英国出版的全套《航空工程》《皇家航空杂志》，后来又陆续订购了航空学会的自动化科学学报（JAS）、美国国家航空咨询委员会（NACA）影印报告，以及英国皇家航空学会（RAeS）、法国国家航空航天局（ONERA）、北大西洋公约组织出版的航空航天研究与发展咨询组报告（AGARD）等出版物。洪都机械厂苏联专家斯密尔诺夫带来了一批中央空气流体动力研究院报告及苏联规范，飞机设计室也派人将其全部复制并拿回来学习应用，成为后来歼教1飞机的设计依据。这些资料对于设计人员学习掌握飞机设计知识和技能十分重要，有些资料在国内属于孤本，如订购的NACA报告，国家图书馆也借去影印收藏。

设计室还发动大家购买图书资料，每次有人去北京

NATIONAL ADVISORY COMMITTEE
FOR AERONAUTICS

TECHNICAL NOTE 3633

ANALYSIS OF THE ULTIMATE STRENGTH AND OPTIMUM PROPORTIONS
OF MULTIWEB WING STRUCTURES

By B. Walter Rosen

Langley Aeronautical Laboratory
Langley Field, Va.

NACA

Washington
March 1956

NATIONAL ADVISORY COMMITTEE
FOR AERONAUTICS

TECHNICAL NOTE 3786

HANDBOOK OF STRUCTURAL STABILITY
PART VI - STRENGTH OF STIFFENED CURVED PLATES AND SHELLS

By Herbert Becker

New York University

NACA

Washington
July 1958

◎ 美国国家航空咨询委员会（NACA）出版物照片

出差，徐舜寿都安排他们去北京外文书店，购置和预订
美、英等国关于飞机设计的报告和公开销售的航空期刊、
书籍。徐舜寿、黄志千等还将自己的飞机设计相关资料
拿出来供大家学习，如《民航适航手册》、《航空材料
手册》、《飞机设计师手册》、"德温特"（Derwent）
发动机的推力曲线等，这些资料都是他们在国外工作和
学习时购买和使用的，在自行设计飞机和培养设计人员
方面起到了重要作用。

（三）营造创新的氛围。徐舜寿要求新设计员要详细了解当时国内引进的几种"米格"飞机和"雅克"飞机的结构，并提出，搞襟翼设计的设计人员就要多看这几种飞机襟翼的图样，搞座舱布置的就要看这几种飞机座舱布置的图样；在"熟读"并了解了几种相同部件的结构后再进行设计。这种做法被称为"熟读唐诗三百首，不会作诗也会吟"。为防止设计人员机械地抄袭国外设计、鼓励他们探索独立设计道路，徐舜寿又提出"熟读，但不要唯米格论"，要求设计人员设计时可以参考"米格"飞机的构造，但不能抱着不放。

二、编制飞机设计规范

在开始飞机设计时，徐舜寿、黄志千、叶正大三位室领导经过研究，要求新成立的文件标准组编制一本飞机设计员手册，解决设计人员没有设计标准可循的问题。文件标准组的人员边干边学，以米格–17Φ飞机各类技术标准以及材料、工艺等资料为基础，广泛收集其他与航空有关的技术标准、设计资料。同时提出了"正确、实用"的编制原则，特别强调手册是设计工作的依据，一定要切合实用、便于查找，所有数据一定要准确无误，否则源头出错，后患无穷。

编制《设计员手册》是提高设计人员技术基础知识和总结实践经验的有效途径。这本手册出版后深受设计人员欢迎，随后提供给航空系统内其他单位使用。

后来飞机设计室又组织设计人员编制了《零件设计原则》《设计员手册（第二册）》和《飞机设计室图纸技术文件管理制度》等技术文件。《零件设计原则》总结了歼教 1 等飞机零件、组件的设计原则和设计经验等

◎ 《设计员手册》

具体方法。徐舜寿亲自撰写了第一章《总则》，提出了飞机设计要坚持"坚、轻、好、省"四大原则。这三个设计文件成为当时国内唯一可行的设计依据，在后续飞机设计和发图过程中发挥了指令性文件的作用。

三、成立技术委员会

飞机设计室成立后，吸收苏联的经验，在室里组织成立了技术委员会。技术委员会由正、副主任设计师和主管设计师，以及总体、气动、强度、机身、机翼 5 个专业组组长共 9 人组成。技术委员会是发挥技术民主、博采众长，进行科学决策的一种方法和组织形式。技术委员会每周召开一两次会议，讨论解决一些设计上的重大问题，这样可以集思广益，使设计协调合理。同时，通过参加会议，各专业的技术带头人可以了解飞机的整体布局情况，提高设计协调能力。

在后续飞机设计过程中，通过技术委员会使整个设计队伍素质得到了提高，并培养了设计人员既独立思考，又集思广益的能力。实践证明，技术委员会是发扬技术民主、提高技术决策科学性的一种行之有效的好形式。

1961 年，国防部六院一所成立时，重新成立了技术委员会，其在科研工作中发挥了更大的作用。

四、创造必要的工作生活条件

徐舜寿根据其在美国麦克唐纳公司实习时的办公环境（即所有设计员都在一个大办公室内，总设计师可以看到大家，随时解决问题），对小红房进行了改造。改造后，各间屋子都被打通，变成一个大办公室，所有的制图桌也都集中在一间大屋内。徐舜寿等三位室主任的办公位置在屋子的一头，对整个办公室环境一览无余，有什么问题，马上就可以协调解决。

制图桌是徐舜寿与几个设计人员精心设计、订制的专用产品。制图桌有若干个抽屉，可以多放一些书籍、资料，还配有可放铅笔、橡皮、三角板的专用板，另外还有可存放描图样的长形格子。图板可以平放，也可以竖起来。这种制图桌的设计形式，一直沿用了 30 多年，直到微型计算机出现以后才不再使用。

为了给飞机设计提供便利，根据徐舜寿的意见，还利用小红房内的窄小过道，建立了飞机模线间和模型间。

◎ 徐舜寿在办公室授课

同时，将小红房外面西侧的厕所改造为试验室。这些设施虽然有些简陋，但却有益于飞机设计工作。

设计室办公场所问题解决了，又出现了设计人员住房困难的新问题。设计室初建时，室内大部分设计人员都是二十几岁的年轻人，分散住在单身宿舍。随着设计人员家属陆续搬到沈阳，为了解决他们的住房问题，飞机设计室就在松陵机械厂文化宫南边盖了一栋家属宿舍楼，并且起了一个很文雅的名字：文南一栋，即文化宫

◎ 飞机设计室早期使用的制图桌（中）和描图板（右）

南侧第一栋家属楼，就此基本解决了住房问题，使设计人员能安心工作。

第二章

自主设计歼教 1 飞机

　　歼教 1 歼击教练机是飞机设计室成立后设计的第一型喷气式飞机，飞机从设计到首飞成功只用了一年零九个月的时间，速度之快，在国内外实属罕见。它凝结了徐舜寿、黄志千、叶正大等中国第一代飞机设计师的智慧和心血，开创了中国自行设计喷气式飞机的先河，积累了经验，培养了一批飞机设计人才。

方案设计与初步设计

　　新成立的飞机设计室，既无设计经验，也没有试验手段。面对这种情形，徐舜寿综合考虑空军需要性能更加优异的战斗机与所处的国情条件，提出坚持"需要与可能相结合"的原则，设计制造一款亚声速喷气式歼击教练机。设计方案经过上级批准后，飞机设计室很快完成了飞机的方案设计与初步设计。

一、方案设计

　　1956年9月，在航空工业局召开的飞机设计专题座谈会上，徐舜寿综合考虑中国当时的制造能力、设计队伍的技术水平、外国教练机的发展状况、空军的实际需求和不同机型的设计难易程度等情况，提出设计一款亚声速喷气式教练机：发动机推力约 1000 ～ 1400 千克力，速度约为马赫数 0.7。预计设计进度为：1957 年二季度开始进行飞机方案初步设计，三、四季度进行风洞试验并更改初步设计方案；1958 年设计零部件；1959 年试制；1960 年一季度进行全机静力试验，二、三季度试飞。飞机所使用的材料、附件、仪表尽量国产。

　　1956 年 10 月 9 日，飞机设计室向航空工业局作了《关于开展飞机设计工作的报告》，提出了设计并制造最大速度为 700 千米/时，航程 1000 千米、升限 12 千米以上，全金属结构、前三点起落架的亚声速喷气式歼击教练机的方案。航空工业局很快批准了飞机设计室提出的喷气式歼击教练机方案，新飞机暂定名为歼教 1 型飞机。[1]

　　获得航空工业局批准后，飞机设计室在几乎没什么办公设备的条件下，开始亚声速喷气式教练机的方案设计工作。所谓方案设计，苏联设计局也称为草图设计，

---

[1] 顾诵芬等编，师元光主笔：《中国飞机设计的一代宗师：徐舜寿》，航空工业出版社，2008 年 1 月，第 130 页。

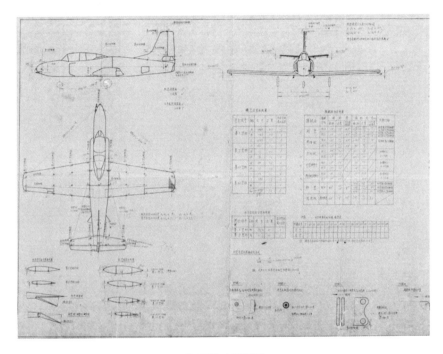

◎ 歼教 1 三视图

它是飞机设计的第一阶段，其主要要求是：根据预定的战术技术要求选择发动机和设备，确定飞机的主要参数和基本结构形式，验算性能。其最后表现形式为飞机三视图、总体布置图与包括性能计算结果在内的草图设计书。

　　从 1956 年 11 月起，在方案设计阶段确定了几个初步方案后，飞机设计室就根据航空工业局的要求与使用部门多方接触、征求意见。飞机设计室先后派人前往沈阳空军司令部等单位，与空军首长、苏联顾问、试飞员、地勤和机务人员共 100 余人召开了十几次座谈会，根据反馈意见修改初步方案。总体和气动专业组一起集中研究了机翼后掠角的影响和发动机进气方式，有意选用了欧美通用的两侧进气方式，而不沿袭苏联传统的机头进气布局形式。因为从长远来看，机头部分是适宜安装雷达天线的部位，而雷达对于现代作战飞机至关重要。教练机虽然无须安装雷达，但是掌握这种两侧进气的设计技术对将来设计高性能的军用飞机有好处。

　　两侧进气的布局方案，既是创新之举，也给没有飞机设计经验的设计队伍带来不少挑战。为从理论上证明可行性，负责气动专业的顾诵芬前往北京航空学院查阅资料。当时的出差条件较差，顾诵芬住在航空工业局机关宿舍，但宿舍紧缺只能睡机关出差人员空出来的床铺。此时北京航空学院还在建校期间，图书馆白天都被学生占用，顾诵芬只能晚上去，查找并抄录资料。由于没有其他复印条件，找到有用的图形、曲线后只能用硫酸纸

◎ 徐舜寿带队广泛
　征求意见

描下来。① 经过努力，顾诵芬圆满完成了理论分析计算任务，证明了布局的可行性。

　　为了验证两侧进气的布局方案的可靠性，排除飞机飞行时可能会发生的喘振现象，松陵机械厂木工车间按照设计图样制造了一个尺寸为 1∶1 的机身两侧进气的木质风洞试验模型。其后，由黄志千带领设计人员赴哈军工，利用那里仅有的一座 1.5 米直径的低速风洞进行试验。他们前后花了两个多月的时间，反复进行试验验

----

① 顾诵芬口述，师元光整理：《我的飞机设计生涯》，航空工业出版社，2011 年 4 月，第 35 页。

证，最后得出了采用机身两侧进气布局方案可靠的结论，为进一步开展飞机设计铺平了道路。

在征求部队对飞机设计的意见时，飞行员反映，苏联飞机的座舱盖容易顶头，而操纵杆手柄偏大，握起来很不舒服。徐舜寿非常重视，专门安排设计人员去部队收集了 1400 余名飞行员的身体数据。通过统计分析发现，中国人的身体特点与苏联人有所不同：苏联人上身短，下身长，所以座舱高度矮，而中国人正相反，应当增加座舱高度尺寸；苏联人的手掌普遍比中国人大，飞机驾驶杆手柄尺寸应当缩小。为此，设计室安排专人请一批飞行员以胶泥捏手柄，经过测量，最后确定了驾驶杆手柄尺寸。可以说，这是中国第一次应用人体工程学原理来设计飞机。

在方案设计过程中，徐舜寿倡导讲究实效的科学作风。他提出，设计者对自己的设计依据和想法必须做出说明，并与有关方面协调论证，各个局部在总体布局上必须是合理的，不允许各行其是。对大部件和大系统的设计总图，采取集体审查的办法，设计者张贴图样，请有关人员参加，讲解自己的设计依据、思路、意图、数据、问题等，并进行答辩，答辩一旦通过，所有参加者当场签字。如答辩通不过，修改后再来。这是一种很好的发扬技术民主的方法，也是对设计人员很好的锻炼和考核。

1956 年 12 月底，鉴于歼教 1 飞机三视图和总体布置图大致就绪，重量、重心、性能、稳定性、载荷估算完毕，总体专业组整理好文件送北京空军司令部和二机部申请批准。1957 年 1 月 4 日，飞机设计室向航空工业局呈报了《歼教 1 型喷气式歼击教练机草图设计书》，提出新教练机的设计原则：除要保证一般教练机的要求外，还应保证战术性能接近世界同类飞机的先进水平；制造、使用、维护简便，所用材料立足于国内。由于各方面意见不一致，歼教 1 飞机的方案设计讨论了两个月才大致确定。1957 年 2 月，空军副司令员王秉璋、常乾坤及苏联顾问经数次研究，同意了飞机设计方案。

设计室讨论并确定了歼教 1 飞机设计原则和设计思想后，各结构设计组开始试画各部件的结构部位图和布置图。强度计算组随即着手进行载荷和强度计算。由于当时没有强度规范，强度计算组所使用的载荷都是根据国外资料估算的，设计依据不足。直到 1957 年 4 月才从洪都机器厂安东诺夫总设计师代表处拿到 1947 年苏联强度规范，顾诵芬又据此全部重算了一遍。标准文件组开始收集全部苏联标准件和材料规格，着手制订设计时选材范围和制图规范。

二、初步设计

1957 年 3 月，空军机关批准了歼教 1 草图设计文件，开始进入飞机设计的第二阶段，即初步设计。该阶段到 8 月完成木质样机制造为止，历时 5 个月。飞机初步设计阶段的主要要求是，确定飞机各部件的结构和受力形式，安排设备，进行必要的风洞试验后确定飞机参数。最后制造出真实尺寸的木质样机，尤其是座舱内部设备、操纵、仪表等都要真实，以便飞行员、地勤人员判断是否达到使用维护要求。

理论外形组（模线组）开始用计算方法确定理论外形，通过数次计算，解决了进气口气动要求与结构要求等之间的矛盾。各结构和系统设计组开始画打样图和系统原理图。当时面临的问题是：飞机初步设计时，打样图应包括哪些内容，详细到什么程度，各结构组之间、结构组与系统之间应如何协调。由于没有经验，在方法上走了不少弯路。最主要的缺点是结构过于详细，接近生产

◎ 歼教 1 木质样机

图样中的总装图，而系统安排与协调则考虑过少；打样与强度计算工作配合不好。

　　1957 年 5 月中旬，当理论外形就绪，打样图有初稿后，陆续发出木质样机图，由木工车间按照样图开始制造样机。由于新中国过去没有设计过飞机，因此也就从来没有制造过木质样机。设计人员和木工车间工人均不知道如何做，只找到几张外国木质样机的模糊照片做参考。就这样，木工车间 30 多岁的八级木工陈明生，带领一名七级工、一名六级工，开始制造木质样机。8 月底，克服多种困难之后，木质样机制造一次成功，共耗时 100 天。

第二节

样机审查和详细设计

木质样机制造完成后，样机审查委员会对样机进行了两次审查。审查通过后，飞机设计室仅用了 50 天时间，比原计划提前一个月，就完成了歼教 1 飞机设计发图工作，为歼教 1 飞机投产提供了保障。

一、样机审查

1957 年 9 月，军委总参谋部、空军司令部、航空工业局组成歼教 1 样机审查委员会，到松陵机械厂审查样机，航空工业局、空军和松陵机械厂的苏联顾问也参加审查。经过 5 天详细汇报和审查，审查委员会肯定了飞机设计室的成绩，但也指出，要作为一种符合空军训练需要的歼击教练机，则尚存在一些缺点，要求作进一步改进，尤其要提高飞机的机动性。审查委员会共提出了若干条原则意见和 93 条具体意见，同时批准了歼教 1 飞机战术技术要求。1957 年 11 月，刘亚楼和二机部部长赵尔陆在审查文件上签字。

由于更改很多、牵涉面很广，审查委员会要求重新修改样机，在两个月后再进行审查。之后，飞机设计室重新计算理论外形，各结构重新打样。其间由于正处于"大鸣大放"运动阶段，修改进度受到一些影响，直到 11 月下旬才改好样机。

在修改样机期间，飞机设计室开始了零部件的设计制图工作，过程中暴露出图样质量不高、制度规范不熟、专业组之间协调欠佳等问题，造成设计中发生零件、成品和结构件触碰、间隙不够等问题。经过数次研讨，各专业组分工进一步得以明确，同时健全了零件设计分工等制度之后，这些问题基本解决，保证了图样的质量。

1957 年 11 月 29 日，审查委员会对歼教 1 样机进行了第二次审查，12 月 2 日审查完毕。审查小组很快同意了样机的审查，并提请上级签字。

二、详细设计和发图

按照航空工业局要求，1957 年 12 月初开始进入歼教 1 飞机设计的第三阶段——详细设计和试制阶段。为了配合试制工作，松陵机械厂总工艺师系统反复研究了有关试制制度，制订了工艺总方案、图样分发制度、车架分工办法，经厂长批准后执行。1958 年春节前夕，由于担心米格 –19 试制与歼教 1 飞机试制发生冲突，设计室内有几位同志感到发图进度太慢，提出了加速发图的意见。经设计室研究后，决定加快进度，提前一个月，在 3 月底以前完成发图。于是，飞机设计室采取了打破常规过春节的措施，自 2 月中旬起苦战 50 天，春节、星期天都不休息。松陵机械厂设计科派出多名描图员和来厂实习的大中专学生，帮助设计室发图。人员最多时包含实习生在内共有 130 ~ 140 人共同发图。经过昼夜奋战，终于在 1958 年 3 月底，用了仅仅 50 天时间，完成了歼教 1 飞机设计发图工作，为飞机投产创造了条件。

1958 年 4 月，之前于 1957 年 4 月送苏联咨询的歼教 1 飞机的设计方案，得到苏联中央流体空气动力研究院副院长斯特鲁明斯基签署的咨询意见，认为该机的设计是成功的，气动力的计算是准确的，建议缩小飞机平尾的展弦比。徐舜寿决定通过缩短翼展及加长翼梢的方法来减少平尾的展弦比，这样做不需要对结构做大的更改，同时也满足了苏联方面提出的修改意见，使试制工作得以顺利进行。

试制试飞及设计经验

　　1958 年 4 月，国务院军工产品定型委员会批准歼教 1 飞机的试制。随后歼教 1 飞机在发完图样后，仅用 100 天左右时间就实现了第一次试飞，创造了国内外少有的纪录。歼教 1 飞机虽因部队需求变化等多种原因未能研制完成，但基本走完了新机研制工作程序，探索并积累了独立研制新飞机的宝贵经验，锻炼了新中国第一代飞机设计人才。

一、投产制造和试验试飞

　　歼教 1 飞机共投产 3 架，其中第 1 架和第 3 架作为飞行试验机使用，第 2 架用于全机静力试验。在飞机设计室的密切配合下，早在 1958 年初，松陵机械厂工艺部门提早到飞机设计室了解飞机设计情况，抓紧工艺装备图样设计并投入工艺装备制造。所以，飞机设计室发图一结束，各生产车间很快就掀起了零件生产热潮。

在全国"大跃进"形势的影响下，歼教 1 飞机的试制进度一再提前。1958 年 7 月 5 日，正值飞机制造开始部件装配和总装阶段，王西萍来到松陵机械厂，提出"要早日将歼教 1 飞机试制成功"。为此，厂党委发出"大干 20 天，坚决保证歼教 1 飞上天"的动员口号，各车间都成立了现场指挥部和攻坚生产突击队，加快突击生产任务。

在大会战中，松陵机械厂干部职工冒着酷暑，昼夜奋战在生产一线。各生产技术科室跟班人员吃住在车间，实在太困了，就趴在桌子或凳子上休息一会儿，始终不离开生产现场。后勤部门为配合大会战，在车间为职工摆放茶水，并将饭菜送到生产现场。

飞机设计室也派人在车间全天候跟产。其中，一名设计人员在车间连续工作几天几夜，晕倒在回家的路上。徐舜寿在生产现场也忙得不可开交。一天，从北京发来他儿子出生的电报，他看完电报转身又接着忙了起来。

◎ 松陵机械厂工人在生产现场

经过飞机设计室和工厂领导、工程技术人员的紧密配合和忘我工作，歼教 1 飞机的部装、总装任务提前完成了。当用作全机静力试验的第 2 架歼教 1 飞机被运送到松陵机械厂强度试验室时，由于已经提前做好了试验准备，该飞机仅用 6 天时间就做完了保证首飞所需的试验项目。起落架落震试验、全机地面共振试验等项目在几天内就准备好设备夹具，而且很快就完成了试验。在这一阶段，飞机设计室全体同志都夜以继日地在车间、静力试验室配合工作。

◎ 歼教1试验现场

◎ 设计人员在总装车间与歼教 1 合影

◎ 歼教 1 出厂

1958 年 7 月 24 日，用于首飞的第 1 架歼教 1 飞机总装完成后被送到试飞站。7 月 26 日，试飞员于振武[1]驾驶歼教 1 完成了首飞。

◎ 歼教 1 首飞

---

[1] 于振武，1931 年出生于辽宁宽甸，1994 年任第七任空军司令员，1996 年 1 月晋升上将军衔。

◎ 中央政治局委员彭真观看歼教 1 首飞

到 8 月 5 日，歼教 1 共完成 8 次飞行试验，历时 2 小时 23 分，完成了初飞试验，结果表明基本性能较好。歼教 1 飞机从发完图样到飞机第一次试飞不过 100 天左右，这不但在中国航空史上没有过，在国外也少有，说明中国航空工业在过去 5 年大规模建厂和仿制过程中，已经积累了工艺和组织生产经验，并达到了一定的水平。

歼教 1 飞机首飞成功后，周恩来总理看到报告后对工作人员说，告诉这架飞机的设计者，让他们做无名英雄。八一电影制片厂还将程不时撰写的《早送银燕上青天》改编并拍摄成电影。

◎ 歼教 1 首飞成功

◎ 徐舜寿与飞行员于振武交谈

　　8 月 4 日，在松陵机械厂举行了歼教 1 飞机及其发动机试制成功祝捷大会，歼教 1 飞机进行了飞行表演，叶剑英元帅和刘亚楼亲临现场观看。8 月 5 日，叶剑英在松陵机械厂文化宫召开的干部职工大会上作重要讲话，指示科研人员要抬头看世界，埋头搞技术。当天晚上，叶剑英在辽宁宾馆亲切接见了飞机设计试制人员代表。

◎ 叶剑英元帅（左一）、刘亚楼司令员（左二）观看歼教 1 飞行表演

◎ 叶剑英、刘亚楼在祝捷大会上讲话

◎ 徐舜寿、吴大观等歼教 1 飞机和发动机研制人员与叶剑英元帅合影

11 月 7 日，两架担负试飞任务的歼教 1 飞机，分别由试飞员吴克明和敖厚德驾驶赴北京，为中共中央领导同志进行飞行表演。叶正大作为代表赴北京参加了该活动。

二、项目终止与设计经验

歼教 1 飞机首飞后，苏联航空工业部部长发来贺电，并表示立即派一组专家帮助开展试飞。但由于国内正值"大跃进"时期，航空工业忙于仿制跨声速战斗机米格 –19，歼教 1 飞机受到影响。特别是歼教 1 飞机在北京表演后，返回沈阳途中经过辽宁省绥中县时，由于发动机涡轮叶片折断而迫降，黎明机械厂又忙于试制歼 6 用的涡轮喷气式发动机，无暇顾及歼教 1 飞机发动机故障分析和问题解决，因此，歼教 1 飞机的研制工作停了下来。与此同时，空军训练体制也在改变，由三级训练改为两级训练，飞行员在雅克 –18 完成初教训练之后，直接用高级教练机"乌米格"进行中高级训练，空军对歼教 1 飞机也就没有需求了，这直接导致歼教 1 飞机研制的终止。

进入 20 世纪 70 年代，空军又需要一种喷气式教练机，但此时歼教 1 飞机的图样已入三线档案库，工艺装备也全部销毁，无法恢复。20 世纪 80 年代，国内企业参考歼教 1 气动布局研制了 L–11 教练机，取得了成功，并陆续装备部队。

歼教 1 飞机虽然在研制中途被迫终止，但取得了不少设计经验。徐舜寿在《快速设计喷气式飞机的经验》一文中，总结了歼教 1 飞机设计的 5 条经验：(1)坚持需要与可能相结合，选型得当；(2)善于运用前人的经验，正确选择原准机；(3)认真地向国外专家学习，搞好大协作；(4)不断总结工作，及时发现并解决问题；(5)坚持勤俭办企业（科研）的方针。这些经验一直被用于后续机型的研制，直到现在依然有很好的指导作用。

作为完全自行设计的第一架喷气式飞机，歼教 1 飞机的研制开创了喷气时代新中国自行设计飞机的先河，是新中国航空工业发展的一座重要里程碑。尽管未能走完研制试飞流程并投入使用，但通过歼教 1 飞机的研制，在航空技术和研制管理上进行了大胆探索，培

◎ 设计室主要领导在歼教 1 前合影（左起陆孝彭、叶正大、徐舜寿、
王汇青、程不时、顾诵芬、汪子兴）

养锻炼了一批设计技术人员，积累了自行设计飞机的宝贵经验。特别是在没有技术和经验积累、条件十分简陋的条件下，新中国第一支飞机设计师队伍自力更生、艰苦奋斗、勇于探索、敢为人先，将自行设计的第一架飞机放飞蓝天，证明新中国是完全有能力自行设计研制飞机的。这对加快推进中国航空工程技术的科研设计力量建设，加快走出自行设计研制飞机的发展道路，无疑是巨大的鼓舞。

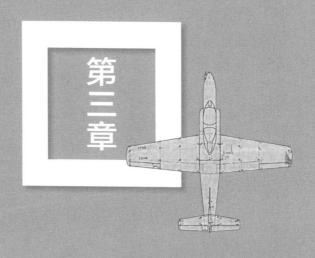

第三章

自行设计飞机的其他努力

按照飞机设计室成立时制订的发展思路：通过几个飞机型号的设计和试制，既能将部分飞机提供给空军使用，又可以培养设计队伍和工厂的试制能力。飞机设计室开始自行设计歼教1飞机后，又开展了初教6飞机、强5飞机的方案论证，探索了超声速战斗机方案"东风107"，创建了超声速风洞。

初教1飞机和强5飞机的设计

为了在新机设计、发图、试制和试飞实践中得到锻炼，提高设计能力，歼教1飞机设计工作刚一结束，飞机设计室又开始设计初级教练机初教1和强击机"雄鹰"302。这两型飞机后来转到洪都机械厂，并成为该厂重要的生产机型。

一、完成初教1飞机方案和木质样机制造

1957年夏，歼教1飞机打样设计一结束，徐舜寿就以科学远见和创新的思维开始部署设计室下一型飞机

的任务。飞机设计室几位领导者经过认真思考，提出了三个研究方向：一是设计超声速战斗机；二是将喷气式轰炸机伊尔 -28 改成行政专机，作为国家领导人专机使用；三是设计一型前三点起落架的初级教练机，接替雅克 -18。

第一个研究方向交给顾诵芬负责。顾诵芬出差到北京，征求科学院力学所郭永怀和北京航空学院张桂联教授的意见。他们觉得国内技术储备不足，尤其没有研究超声速飞机的风洞，很难实现。因此，飞机设计室决定暂停这项研究工作。第二个研究方向由气动组汪子兴负责，经过计算分析发现，发动机的耗油太大，达不到预期航程，因而作罢。第三个方向由程不时负责，他提出了以初级教练机设计为重点的方案。飞机设计室经过研究后认为该方案可行。此时，初教 5 飞机因为采用后三点式起落架，使用该型教练机训练的学员直接过渡到前三点式起落架的乌米格 -15 喷气式教练机上飞行有困难，因此空军要求改进初教 5 或者重新设计一种前三点式的初级教练机，以便与研制中的歼教 1 和使用的乌米格 -15 等喷气式教练机衔接。空军的需求加快了自行设计初级教练机的立项进程。

1957 年 8 月 14 日，飞机设计室向航空工业局提交了《请示飞机设计室第二任务方向的报告》，在报告中提出了三个方案：初教机、初级靶机、中型喷气式运输机。当月，航空工业局决定由飞机设计室设计一型前三点式起落架、采用螺旋桨发动机的全金属初级教练机，其性能超过雅克 −18 初级教练机。飞机定名为初教 1，代号 102（后改称"红专 502"、初教 6）。

　　新的任务书下达后，飞机设计室立即组织力量开展飞机总体方案设计并编制设计任务书。徐舜寿提出：放弃"雅克"飞机的做法，设计一种具有自己特色的初级教练机。按此要求，程不时带领设计员陈家华到空军部队调研，广泛征求飞行员的意见。1957 年 12 月，空军和航空工业局联合批准了初教 1 飞机的试制，设计室开始进行初步设计。

　　飞机设计室接受任务后，经过一系列的设计计算和风洞试验，到 1958 年 4 月，完成初教 1 方案论证、总体布局、性能计算、风洞试验和打样设计，并制成 1∶1 木质样机。初教 1 采用平直梯形下单翼、可收放式前三点起落架。空军和航空工业局联合对木质样机和技术设计进行了审查，通过了样机审查并进一步明确了战术技

◎ 初教 1（初教 6）木质样机

术要求后，批准进行详细设计。

二、初教 1 飞机转到洪都机械厂

初教 1 飞机与歼教 1 飞机的设计节点只差三个月的
时间，设计人员刚完成歼教 1 飞机发图，就要开始进行
初教 1 飞机的详细设计。鉴于飞机设计室和松陵机械厂
正处于歼教 1 飞机试制的高潮，同时松陵机械厂正在成

批生产歼 5 飞机，新机设计和飞机生产任务都比较重。为此，1958 年 5 月，航空工业局决定，初教 1 飞机的详细设计和试制工作转到洪都机械厂。设计室主管初教 1 飞机设计工作的屠基达、林家骅带领 20 多名设计人员赴洪都机械厂，与洪都机械厂设计科共同进行初教 1 飞机的设计发图工作。

临行前，徐昌裕特别叮嘱带队的屠基达：这次去，不仅要共同合作把初教 1 搞出来，更重要的是还要帮助带出一支队伍来，自行设计飞机只靠松陵机械厂一个点是不够的；这次设计室的人去，好比过去解放区开辟新的根据地，要帮助洪都机械厂也建起设计室来。

6 月初，初教 1 设计团队一行到达洪都机械厂。厂领导很重视，总工程师冯安国和副总工程师冯旭经常看望设计人员。航空工业局任命洪都机械厂设计科科长高镇宁为初教 1 主管设计师，屠基达和林家骅为副主管设计师。在初教 1 设计过程中，洪都机械厂设计科改组为轻型飞机设计室，高镇宁任主任。

松陵机械厂派去的同志被分别安排到洪都机械厂设计科的各专业中，大家克服南昌夏季高温炎热的影响，团结一致，加班加点，仅用一个月时间就完成全套设计图样的发放，又用两个月完成试制。8月27日，第一架初教1原型机首飞成功。

1958年9月，两架初教1飞机飞到北京，于10月在北京南苑机场向中共中央领导同志作了汇报飞行表演。后续又经过艰苦努力，克服许多问题和困难，完成了研制工作。1962年1月，国务院军工产品定型委员会正式批准初教1飞机定型，投入批量生产，装备部队，并命名为初教6。

初教6是中国自行研制的高性能初级教练机，最大起飞重量1400千克，最大飞行速度297千米/时，实用升限6225米，飞机的飞行速度、爬升率、操纵性等

◎ 全身喷涂红色漆的初教6原型机

主要性能指标均优于初教 5 教练机，具有良好的操控性和安全性。这些特点赋予飞机顽强的产品生命力，一直生产了半个多世纪。截止到 2020 年底，累计生产超过 3000 架，还销往国外数百架。2019 年 2 月 28 日，初教 6 飞机获得中国民用航空局颁发的型号合格证和生产许可证，开始在民用航空领域焕发新的活力。

三、强 5 飞机的方案（论证）设计

20 世纪 50 年代，强击机成为军事强国重要的空中对地压制武器之一。在 1955 年 1 月的解放一江山岛的战役中，中国空军使用的苏制伊尔 –10 强击机威震海空，引起中国军方关注。50 年代后期，苏制伊尔 –10 强击机已显落后。为强化陆海空三军协同作战，提高对地、对海打击能力，同时降低对国外武器装备的依赖，1958 年 3 月，刘亚楼在航空工业局企业领导干部会议上提出研制先进强击机的提议。

根据空军的需求，航空工业局在已经能够制造战斗机的基础上，产生自行研制强击机的强烈愿望，决定由

飞机设计室研究拟定设计喷气式超声速强击机的初步设想。飞机设计室立即搜集资料，决定在总体组开展强击机的方案研究，并责成总体组程不时和叶正明各设计一个方案。

4月，雅科夫列夫设计局派主管设计师马尔达文来松陵机械厂审查歼教1飞机图样，在得知飞机设计室准备设计强击机后很支持，也很热情，建议用单台RD-9B发动机（米格-19使用的发动机）设计一型马赫数1.4、起飞重量约为4吨的轻型三角翼全天候超声速强击机，并给出了战术指标。叶正明就在这个建议的基础上，提出了一型强击机方案。由于机翼大量采用蜂窝结构，全机重量很轻。当时正值"大跃进"期间，这个方案取名"东风104"（取"东风压倒西风"之意）。这时米格-19飞机的图样已到沈阳，程不时提出将米格-19改成两侧进气的方案，取名"东风106"。

6月，飞机设计室对这两个方案进行了内部评审。徐舜寿强调，飞机设计不能脱离实际太远，"东风104"方案采用的新工艺、新技术太多，短期内实现不了；"东风106"以米格-19为基础，较为现实可行。

8月15日，航空工业局在沈阳召开技术会议，决定将"东风106"命名为"雄鹰"302，代号106号机（1964年11月被正式命名为强5），并把研制任务交由洪都机械厂负责，拟在1959年向新中国成立10周年大庆献礼。航空工业局要求洪都机械厂在三年时间内，由螺旋桨飞机制造厂转变为喷气式飞机制造厂。

不久之后，陆孝彭被任命为"雄鹰"302的主管设计师。陆孝彭一直关注强击机的发展，1954年曾提出将米格–15"比斯"改为强击机的设想。接手"雄鹰"302飞机任务后，他对原"东风106"的设计方案进行了调整，增大了机翼面积，增加了弹舱等适应强击机需要的措施。

"雄鹰"302在沈阳开始了可行性研究。洪都机械厂派出14名设计人员，由副总工程师冯旭、轻型飞机设计室主任高镇宁带队。他们与松陵机械厂、南京航空学院共同商讨了研制过程中的技术协作和技术支援问题，并分别签订了相应的协议。随后在沈阳开始了"雄鹰"302的方案设计。

1958年10月底，在松陵机械厂制成了全尺寸木质样机，经沈阳军区领导审查后，于11月初运到北京。空军等领导机关组成样机审查委员会，在空军副司令员常乾坤主持下对样机进行了审查。之后，中国人民解放

◎ 强5木质样机在总装车间

军副总参谋长陈赓听取了汇报和审查意见，同意进行研制。彭德怀、李富春等中共中央领导也曾先后到松陵机械厂听取"雄鹰"302等飞机设计情况的汇报。

此后，"雄鹰"302飞机的研制工作全部转到洪都机械厂进行。飞机设计室的陆孝彭被借调到洪都机械厂，协助高镇宁工作。飞机设计室还调了一部分设计人员到洪都机械厂。1959年底，经上级批准，陆孝彭正式调到洪都机械厂，担任轻型飞机设计室副主任。其后，在各方面的关心下，在洪都机械厂和陆孝彭等人的坚持努力下，"雄鹰" 302 飞机研制克难奋进，1964 年 11 月更名为强 5 飞机，1965 年 12 月 28 日获批初步设计定型，1969 年 12 月 31 日获批按改进后的样机成批生产。此后，强 5 基本型及其衍生型飞机批量生产，不仅装备空海军部队，还批量出口国外。

设计"东风107"飞机与建设超声速风洞

"大跃进"时期，刮起了飞机研制的"浮夸风"，1958年，航空工业局提出在5年内设计试制出各类飞机20多种。飞机设计室受此影响，开始设计马赫数1.8、升限20千米的超声速飞机"东风107"。

一、"东风107"方案论证和设计

1958年8月6日，在王西萍的主持下，航空工业局在沈阳召开了一个新机研制计划会议。徐舜寿、黄志千、叶正大参加了会议。此时飞机设计室正在酝酿"东风

104"方案，其战术技术指标与米格 –19 飞机接近。经过会议讨论，认为应该大大跨进一步，要超过米格 –19，因此"东风 104"方案需要重新考虑。

徐舜寿根据当时中国航空技术储备现状，提出了"国内尚未具备研制超声速飞机的条件"的反对意见，但未能得到重视。会议接受了空军方面的建议，决定将"东风 104"的飞行速度由马赫数 1.4 提高到 1.8，升限提高到 20 千米，并改名为"东风 107"，代号"107 号机"。会后，航空工业局征得空军同意，决定加速设计，争取在 1959 年 8 月研制成功，迎接国庆 10 周年。

1958 年 9 月中旬，飞机设计室完成了"东风 107"飞机的草图设计并开始打样设计。1959 年 2 月，飞机设计室将"东风 107"飞机图样送到苏联咨询。另外还请松陵机械厂的苏联设计专家对图样进行了一次全面、系统的审查，根据审查提出的问题和国内对飞机结构的实际制造能力，1959 年 3 月又进行了设计更改。

5 月底，更改后的生产图样发到车间。尽管大部分风洞试验尚未完成，但为了赶进度，生产准备和零部件制造工作随即全面展开。此时收到了苏联方面的咨询意见，指出了"东风 107"方案存在的一些重大缺陷：发

◎ "东风107"飞机模型

动机推力过小、阻力估计偏小、不能达到原设计性能指标等，建议参考米格–21飞机的三角翼布局方案。为了吸取苏联的先进经验，使飞机设计更加稳妥、迅速地进行，经上级批准，"东风107"飞机原设计方案和试验试制工作暂停，根据苏联方面建议重新布置新的设计方案。

"东风107"飞机曾有过多种方案。第一种方案计划使用黎明机械厂设计的新发动机"红旗–2"，飞机设计进度与发动机研制进度相匹配，即在发动机上试车台

◎ "东风107"样机

时开始飞机发图，该型号暂定名为"东风107A"。计划最早于1960年初开始设计，1961年下半年才能试飞。为了保证在1961年7月1日建党40周年时试飞，决定暂时设计一架布局与"东风107A"类似并能安装两台RD-9B发动机的试验样机，暂定名为"东风107S"。

根据苏联方面的建议，"东风107"应该使用后掠角60°的三角形机翼，但大后掠角机翼气动力、结构和工艺等方面的技术研究，对于飞机设计室都是全新课题。根据计算，"东风107S"的最大飞行速度能够达到马赫数1.6（超过米格-19），升限虽然略低于米格-19，但也能达到17千米，有可能改为侦察机装备空军，这种侦察型暂定名为"东风107Z"。当时还曾设想改为一架全机质量约为 7600 千克的教练机，暂定名为"东风 107J"。

1958 年 9 月 18 日，"东风 107"飞机完成草图设计。但哈军工负责"东风 113"研制的设计团队不能如期拿出成套图样，试制进展缓慢。为保证"东风 113"飞机的研制进度，中央军委试制领导小组于 1959 年 10 月 22 日召开第三次会议，决定停止"东风 107"的研制，将哈军工原"东风 107"飞机设计力量全部转入"东风 113"飞机设计。就这样，"东风 107"的设计工作就全部停止了。1960 年 2 月，苏联派出 5 名飞机设计专家来华审查"东风 107"，由于项目停止，只好临时凑了一个三角翼方案来应付。通过这次接触苏联的设计专家，虽然仅有 10 天，但学习了超声速飞机设计的一些要领，为以后摸透米格 –21 和设计歼 8 飞机打下了一些基础。

二、建设超声速风洞

飞机设计室成立时，世界航空已经进入到超声速时代，国外已经研制成功超声速战斗机。徐舜寿敏锐捕捉到这一发展方向，并安排顾诵芬跟踪国外超声速飞机设计技术。徐舜寿认为，制约超声速战斗机设计的因素主要有三方面：气动力研究设备（风洞）和结构研究设备的基本建设工作跟不上设计、试验需要；新材料和工艺研究满足不了设计要求；发动机设计和附件设计，特别是无线电、雷达等设备研制进度，不能相应匹配。当时国内已经建立了发动机设计室和仪表设计室，当务之急要解决超声速飞机研制试验所需的风洞试验保证条件。

1958 年 6 月，为了解决超声速风洞问题，徐舜寿找到顾诵芬，两人加班熬了一个通宵，设计出一个风洞群方案。次日，由飞机设计室高锡康携带方案和图样去北京向航空工业局党组汇报，得到局党组同意，并且从国防部五院得到一套苏联高速风洞 AT–1 的图样。随后，飞机设计室就在松陵机械厂开始组建风洞。

在徐舜寿推荐下，航空工业局调沈阳航空工业学校校长韩志华来组建气动研究室，还把飞机设计室气动组的高锡康和一些刚毕业于北京航空学院气动专业的人员派去沈阳建设风洞。一开始，气动研究室也由徐舜寿统管。1958 年 7 月 4 日，中共沈阳市委第一书记焦若愚和王西萍研究决定，在松陵机械厂成立空气动力研究院，焦若愚兼任院长。空气动力研究院成立后，即着手筹建风洞。经航空工业局批准和辽宁省城市设计院勘测，决定在松陵机械厂厂址北面建造风洞，以便与东北地区的航空厂、所（设计室）、院、校共同构成中国航空工业比较完整的基地。

　　1958 年 9 月 19 日，中国第一座跨超声速 1 号风

◎ 中国第一座可供工业试验用的超声速风洞 FL-1 风洞洞体

洞和一机部第四设计院设计的2号低速风洞同时动工建造。1959年12月5日，风洞鉴定委员会成立，高方启任主任。1960年1月中旬，1号风洞调试完毕，经鉴定合格，2月20日正式投入使用。2号风洞的气动力设计是成功的，但结构设计不好，建成后发现洞体有裂纹，虽经加强仍不安全，一直未投入使用，后经航空工业局批准报废。

1号风洞建成后，中国研制的多型飞机和导弹在此进行过风洞试验。时至今日，经过改造的1号风洞（1970年8月定名为"风雷"1号风洞，代号FL-1风洞）仍在使用，为中国自行设计高速飞机做出了重要贡献。

第三节

飞机设计室的使命新生

1958 年春，在群众性的勤工俭学和研制新型武器的热潮中，哈军工空军工程系师生开始设计高空高速战斗机，最大飞行速度可达马赫数 2.0，升限高于 20 千米。该项目得到军队领导的支持，决定进行研制，要求在 1958 年 8 月完成方案论证和总体设计，并命名为"东风 113"飞机，代号"113 号机"。1958 年 8 月 20 日，"东风 113"的设计指标进一步提高到马赫数 2.5、升限 25 千米，号称"双 25"，这在当时国际上也属于领先水平。1958 年 10 月 31 日，113 号机试制领导小组召开第一次会议，决定由松陵机械厂和黎明机械厂联合研制 113

号机，并由哈军工派出包括教员谢光、大学生宋文骢在内的 400 人的设计队伍到有关工厂成立设计室，负责该飞机的设计工作。1958 年 11 月 14 日，哈军工人员集中到松陵机械厂，11 月 22 日正式成立第二飞机设计室，飞机设计室改称第一飞机设计室。

1959 年 10 月 22 日，113 号机试制领导小组召开第三次会议，决定将第一飞机设计室、第二飞机设计室合并，改称产品设计室。合并后，徐舜寿、黄志千、叶正大、屠基达任副主任。

1960 年苏联撤走全部援华专家后，为集中科研力量，加快发展国防科研，中央中央于 12 月决策组建航空、舰艇、电子三个研究院。1961 年 6 月，国防部第六（航空）研究院（简称六院）正式成立。7 月 18 日，总参谋部批准六院成立 10 个研究所，并决定以产品设计室、空军第一研究所为基础组建飞机设计研究所，番号为国防部第六研究院第一研究所（简称六院一所），负责飞机总体设计和研究工作。8 月 3 日，六院一所于沈阳正式成立，全所共有 993 人，其中接收空军第一研究所 711 人、产品设计室 243 人、军事工程学院"东风 113"飞机设计人员 39 人。研究所随六院归空军代管，人员为现役军人着空军服装。产品设计室的技术骨干都在设计所重要岗位担任领导，徐舜寿被授予上校军衔，任技术副所长；黄志千被授予中校军衔，任总设计师；叶正大被授予少校军衔，任技术副所长。至此，飞机设计室圆满完成了在成立时所赋予的"为将来建设飞机设计所准备条件和培养干部"的历史使命。

随着中国国防工业体制的改革，六院一所数次更名，1999年12月更名为沈阳飞机设计研究所。继承飞机设计室衣钵的沈阳飞机设计研究所，成为中国重要的飞机设计机构，先后研制了歼8、歼11、歼15、"鹘鹰"和无人机五大系列共40余个航空装备重点型号，实现了从二代机、三代机向四代机的延伸，从陆基飞机向舰载机的跨越，从有人机向无人机的拓展，创造了中国航空工业发展史上的多个第一。在长期工程实践中，培养出了一支以顾诵芬、管德、李明、李天、杨凤田、孙聪6位院士和全国优秀共产党员罗阳为杰出代表的高素质航空科技人才队伍。同时，飞机设计室和六院一所一路开枝散叶，先后对外输送了1000余名高层次科研和管理人才，他们在不同岗位上为祖国航空事业做出了重要贡献。曾在飞机设计室工作过的陆孝彭、屠基达、陈一坚、宋文骢等，在后续岗位上先后被评为院士。

　　作为当年飞机设计室的核心人物，徐舜寿于 1964 年调任六院十所①首任技术副所长兼总设计师，1968 年在"文化大革命"中被迫害致死，享年 51 岁；1965 年 5 月 20 日，黄志千在出国考察途中因飞机失事而遇难，享年 51 岁。他们英年早逝，是航空工业的重大损失，他们的高尚品德、所做出的开创性贡献，航空人将永远铭记。叶正大后续历任六院副院长、国务院国防工业办公室副主任、国防科工委科技委副主任、总装备部顾问等职务，为歼 7、歼 8 等空海军飞机的研制做出重要贡献，1988 年被授予中将军衔。

―――――――――――――――

① 经几次更名，2003 年 6 月更名为第一飞机设计研究院，简称"一飞院"至今。

参考文献

[1] 习近平 . 论中国共产党历史 [M]. 北京：中央文献出版社，2021.

[2] 顾诵芬，等 . 中国飞机设计的一代宗师：徐舜寿 [M]. 北京：航空工业出版社，2008.

[3] 顾诵芬 . 我的飞机设计生涯 [M]. 北京：航空工业出版社，2011.

[4] 许珊 . 用一生创造飞翔：著名飞机设计师陆孝彭的传奇人生 [M]. 北京：航空工业出版社，2011.

[5] 屠基达 . 淡墨集：飞机设计师屠基达自述 [M]. 北京：航空工业出版社，2010.

[6] 刘宇辉 . 我和"飞豹"："飞豹"总设计师陈一坚自述 [M]. 北京：航空工业出版社，2010.

[7] 张杰伟，舒德骑 . 鹰击长空：歼 10 总设计师宋文骢的传奇人生 [M]. 北京：航空工业出版社，2010.

[8] 铎恩 . 极简中国航空工业史 [M]. 北京：航空工业出版社，2019.

[9] 刘鸿志 . 回忆与思考：刘鸿志回忆录 [M]. 北京：航空工业出版社，2010.

[10] 师元光，等 . 管德传 [M]. 北京：航空工业出版社，2014.

后 记

　　根据中国航空工业集团有限公司安排，《中国航空工业飞机设计室简史》由沈阳飞机设计研究所牵头、沈飞公司等参加，共同开展编纂工作。沈阳飞机设计研究所、沈飞公司高度重视，迅速成立编写组，配备编纂人员，加紧落实编史任务。

　　由于飞机设计室的历史比较久远、档案资料较少而且零散，给编纂工作带来较大困难。编纂团队本着严肃认真、严谨细致、对历史高度负责的态度，在档案查找、资料收集方面下了很大功夫，还采访了曾在飞机设计室工作的老专家、老同志。经过一年多时间的努力，历经提纲、书稿编纂和评审、修改多轮迭代，本书得以和读者见面。

　　简史的编纂还得到集团公司科技委、中国航空研究院、中国航空工业档案馆、沈飞公司的大力支持。顾诵芬院士不顾年事已高认真审查初稿并提出修改意见，党建文宣部领导多次审改把关，中航传媒在配图排版出版上做了细致工作，航史办全程参与指导和审改史稿。各方面共同努力，力争本书以较高质量及时出版发行。

　　受编纂者水平和资料所限，书中难免存在错漏之处，恳请读者批评指正。

中国航空工业集团有限公司

编修史办公室

2021 年 4 月